욘즈돌

헌옷인형
만들기

쿈즈돌
헌옷인형 만들기

초판 1쇄 2013년 12월 31일

지은이 성승연
펴낸이 서인석
펴낸곳 ㈜제우미디어
출판등록 제 3-429호
등록일자 1992년 8월 17일
주소 서울시 마포구 상수동 324-1번지 한주빌딩 5층
전화 02-3142-6845
팩스 02-3142-0075
홈페이지 www.jeumedia.com
페이스북 www.facebook.com/jeumedia
블로그 blog.naver.com/jeumediablog

ISBN 978-89-5952-300-9 13590

값은 뒤표지에 있습니다.
파본은 본사나 구입하신 서점에서 교환해 드립니다.

만든 사람들
출판사업부총괄 손대현
기획편집 홍지영
기획팀 전태준, 김용진, 김혜리, 신한길
영업 김응현, 김영욱, 박임혜
제작 김금남
디자인 올디자인그룹
인쇄·제본 ㈜신우디피케이, 정민제본

손끝으로 꿈꾸는
D.I.Y series 09

욘즈돌
헌옷인형
만들기

성승연(욘사장) 지음

제우미디어

특별한 매력이 철철 넘치는 욘즈돌에 빠진 당신!
WELCOME :)

언제 헤어질지 모르는 사람 대신 사진과 그림, 일기로 허전한 마음을 채웠던 때가 있었어요. 열여덟 살 겨울부터 스물다섯 번째 생일 코앞까지 한국을 떠나 홀로 이리저리 떠돌던 시절이었죠. 풍경 사진보다는 인물 사진을, 그러다 곰 인형을 데리고 다니며 풍경 사진을 찍기 시작하면서 인형에 관심을 가지기 시작했던 것 같아요.

아기자기하고 달달한 소녀 감성과는 거리가 먼 편이라, 예쁘기만 한 인형보다는 밉상이고 진상인 인형이 좋았어요. 그러다 옷 방 한쪽 구석에 엄마가 쌓아둔 헌 옷에 그림을 그려 서툰 바느질로 직접 인형을 만들기 시작했죠. 내가 상상했던 캐릭터가 인형으로 다시 태어나는 기쁨, 그리고 그 인형을 사진 찍어주는 재미에 만들고 또 만들고……. 제 이름의 끝 글자를 따 '욘즈돌'이라는 브랜드를 만들어 혼자 같잖은 '욘사장' 놀이를 하기 시작한 지 벌써 2년이 다 되어갑니다.

오로지 인형 사진들로 가득한 사진집을 내는 게 꿈이었지만, 이렇게라도 욘즈돌로 가득한 책을 낼 수 있게 도와주신, 2014년 서른 살이 되는 제게 큰 선물을 주신 홍지영 편집자님께 감사한 마음 천지빼까리! 제 맘 아시죠?

도안까지 제공하며 따라 만들어 보라고 내는 책이지만, 사실 제 속마음은 절대 똑같이 따라 만들지는 말라고 하고 싶어요. 어떻게 만들어야 하는지 기본 방법만 터득한 뒤, 자신만의 욘즈돌을 만들어 보길 권해드리고 싶어요. 마냥 귀엽고 예쁘기만 한, 어린아이가 가지고 노는 인형이 아닌 – 자신의 감정과 이야기, 말 못할 비밀들을 담아 만든 인형이 얼마나 마음의 위로가 되는지 꼭 느껴보시길 바랍니다. PEACE!!!

촌스러운 **성승연**

Contents

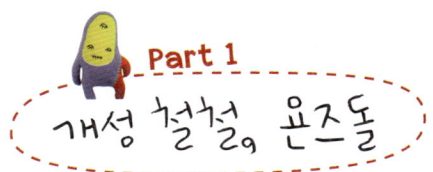

Part 1
개성 철철, 윤즈돌

HELLO!!

Part 2
핸드메이드, 요즈돌

01
수컷 복돌이
»076

02
새토끼
»080

03
빗방울 꼬리
»084

04
꿈지럭
»088

05
긴 다리 토끼
»092

06
구름 꼬리
»096

07
젠틀 마우스
»100

08
해녀복 펭귄
»104

09
번데기 주둥이
»108

10
굼벵이 왕
»112

11
보들보들 판다
»116

12
눈사람 같은 솜사람
»120

13
똥집이
»124

14
마이 아파
»128

15
문어 코끼리
»132

16
해골 좀비
»136

17
새벽 세시 부엉이
»140

18
꽃이 고추
»144

19
까칠
»148

20
겨털 외눈
»152

개성 철철의
운즈돌

PART 1

#01

내가 보내버렸는데도 내가 버림받은 듯한
기분이 들 때가 있다.
억지로 보내버리고 속 시원해하다가도
왜 다시 돌아오지 않는 거냐고 울 때가 있다.

내가 널 보내버렸는데도
버림받은 듯한 기분이 들었다.
몇 번이나 돌아와 매달리는 널
매몰차게 보내버리고 속 시원해하다가도
다시 돌아오지 않는 너 때문에
목구멍 터지게 울고 있다.

눈물의 SAY GOODBYE

SAY GOODBYE

#02

장미보다 더 예쁜 너를 데려가
이웃 별에 사는 어린 왕자에게
소개해주고 싶어.
그러니 나의 별로 같이 가자. 깨굴.

하의 실종 개구리

#03

나만 쳐다봐주고 꼭 안아주는 당신.
난 당신이 너무너무 좋아질까 봐 겁나는데—
내가 갑자기 싫어할까 봐 겁난다는 당신.
그런 걱정하고 있는 당신. 참 슬프네요.

헤어질 수 없는 우리. 雙頭卯(쌍두묘)

YONZ
DOLL

Photo
Album

#04

추억에 파묻혀
미련을 버리지 못하고
가슴만 치고 있기엔
아까운 청춘.
어서 그 추억에서 탈출하라.

파피용

#05

모든 것을 극복할 수 있는 우리 사이에
이깟 장애물쯤이야!

신나게 미친 코알라

#06 봄.
초코 바닐라 맛 늑대가
제일 좋아하는 하얀 민들레 막대사탕.

초코 바닐라 맛 늑대

#07

책을 읽으니 뇌가 부르다. 뇌가 부르니 잠이 온다.

시무룩할래 빗

YONZ DOLL
Photo Album

#08

벌써 당신의 손길이 그리워 어쩔 줄 모르겠어요.
나는 오늘도 하염없이 당신만 기다립니다. 냐옹.

당신만 기다리묘(猫)

#09

따뜻한 햇빛 아래, 배를 훌렁 까 보이고 누워
아무 걱정 없이 곧 잠들어버리는 너로 태어나보고 싶다.

꽃이 고추

#10

마음 아파 죽겠다고 하지만,
정말 마음 아파 죽은 사람 없더라.

마이 아파 & 병맛 같은 짝사랑

#11

한 번의 퍼먹음이 몇 번의 핥음보다
더 낫다는 사실을 너도 알고 나도 안다.
그래서 내가 너에게 붙여 준 이름은
'개미 퍼먹어'

#12

'슬픔은 나누면 반이 된다'는 말은 다 거짓이라고
당신에게도 말해주고 싶다.
내 슬픔을 나눠 반이 된 적은 단 한 번도 없었다.
자기 슬픔은 100% 온전히 자기 몫이다.

긴 다리 토끼

#13

보고 있어도 보고 싶은, 그때가 좋은 거다.

쑥떡 토끼 커플

YONZ
DOLL

Photo
Album

#14

조금은 다르지만,
나는 잘 살고 있다.

조금은 다르지만,
당신은 잘 살고 있다.

조금은 다르지만,
우리는 잘 살고 있다.

회색 겨울 곰

#15

3, 2, 1!
후욱!

누가 봐도 수컷

#16

모든 것을 내려놓고 최대한 자연스럽게
자연의 품에 안기면 되는 것이다.

超 자연인

#17

외롭던 여름날 밤,
애타게 울부짖으며 찾을 때는 나타나지 않더니
꽃 피는 봄이 되어서야 나타난
나의 짝. 여자 개구리 3호.

흐물흐물 개구리

#18

그때, 그 하늘 밑을 그리워 마라.
그때, 그 바람에 다 흩어져버렸으니 다시는 그리워 마라.

초사이언 똥집이

#19

이-만큼 잘해주다가 요만큼 못 해주면
이-만큼은 없었던 일이 되고, 요만큼만 가슴팍에 박아 넣고
소처럼 두고두고 되새김질한다. 지랄 같긴.
이-만큼 못 해주다가 요만큼 잘해줘야 감동을 받는 개 밉상.

얄미운 개새

YONZ
DOLL

Photo
Album

#20

살이 더덕더덕 붙으면 몸이 무거워져 움직이기 힘들고,
고민이 더덕더덕 붙으면 마음이 무거워져 그대로 얼음.

눈사람 같은 솜사람

#21

있는 듯 없는 듯.

대륙 왕 펭귄

#22

한 때 욘사장 별명은 '머리에 꽃 단 놈'
틀린 게 아니라 조금 달랐을 뿐이었다.

간지 작살 왕 주둥이

#23

이 사람아!
받은 건 기억 못하고,
준 것만 하나하나 다 손꼽고 있으니
그렇게 심술이 덕지덕지 얼굴에서 떨어질 줄 모르지.

오동통 갈색 곰

#24

후회 없이 살기란 불가능한 일.
그 순간에는 절대 후회하지 않을 것으로 생각하지만
후회는 어김없이 찾아온다.
일부러 후회할 일을 만드는 건 아니니
후회하고 있는 나를 용서하자.

황설탕 토끼

#25

꽁꽁 끌어안고 있던 욕심을 여기에 두고 갈게요.
필요하면 가져가세요.
전 이제 가볍게 살아볼래요.

혈액 순환 장애 고양이

#26

누구나 그렇듯
자신의 슬픔과 외로움, 고통이
제일 크게 느껴지는 법.
서로 자기 상처가 더 깊고,
더 아프다고 골골대는 나약한 저희입니다.

런던 낮술의 추억, 토끼 장군의 눈물, 시무룩할래 빗,
검은 고양이 김종국 씨, 토끼도 고양이도 아닌

YONZ
DOLL

Photo
Album

#27

다시 만날 수 없는 걸 뻔히 아는데도, 헤어질 때 再見.
SOMEDAY란 건 절대 오지 않을 걸 뻔히 아는데도,
헤어질 때 SEE YOU SOMEDAY.
헤어질 때 나누는 그 인사들이 얼마나 무의미한지 알고 있음에도 불구하고,
정말 언젠가 꼭 다시 만나고 싶은 당신에게,
再見.
SEE YOU SOMEDAY.

아장아장

#28

머리 크기에 상관없이
외로운 건 다 똑같은 거였어.

곰 탈을 쓴 것 마냥

YONZ
DOLL

Photo
Album

#29

샤샤샤샥. 은밀한 움직임.

의적 개길동 & 야맹증 닌자

#30

두려움에도 불구하고 행동할 수 있는 '용기'가 필요한 당신 품에
29년 묵은 욘사장의 '용기'를 덥썩.

소심한 고래 왕

#31

너무 좋아해도 탈.
너무 싫어해도 탈.
그게 뜻대로 되지 않는 것도 탈.

봄 타는 늑대

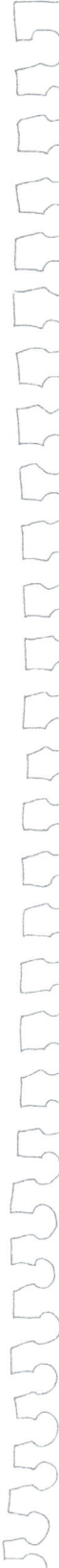

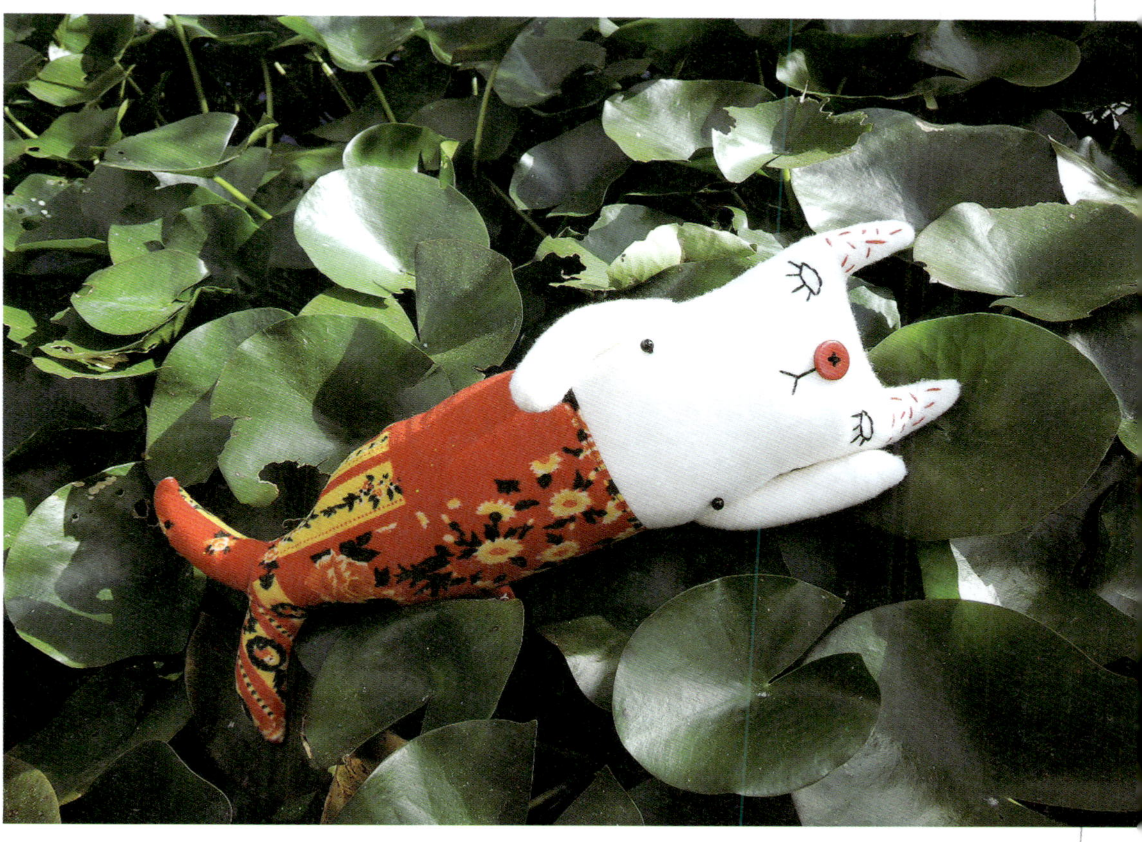

#32

그 바다에는 인어공주,
싱가포르엔 MERLION,
욘사장 손에는 고양이어. 猫魚.

고양이어

YONZ DOLL
Photo Album

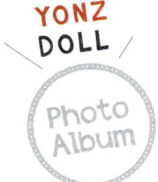

#33

장난감과 인형의 참맛을 느끼고 있는 서른 즈음.

코흘리개 똘추

#34

두 마리 토끼를 다 잡기엔 내 다리가 턱없이 짧다.
둘 다 놓치기 전에 선택해야 한다.
이놈과 저놈 사이에서 수없이 고민하고 신중하게 선택을 해야 한다.
후회 없는 선택이면 좋으련만,
후회는 미련까지 데려와 끈덕지게 달라붙는다.
이놈이 아니라 저놈을 선택했어도 마찬가지.

백설탕 토끼들

#35

술만 먹으면 개 진상.
술이 들어가는 입을 막아야 하는가.
자꾸 술잔을 잡는 손을 묶어야 하는가.
술에 취하면 격해지는 감정을 죽여야 하는가.

개 얼룩이

#36

한 달에 한 번 찾아오는 우울한 그 날.
신용카드 청구서 날아오는 날.

빨간 목도리 토끼

YONZ
DOLL

Photo
Album

#37

날 떠난 과거와 아직 찾아오지 않은 미래에 휩싸여봤자
늘어나는 건 후회와 걱정뿐이다.
지금을 위해 지금만 생각하고 지금을 사는 게 제일 속 편한 일.
속이 편해야 똥도 잘 나온다.

평화로운 빨간 고양이

손으공의 드래곤볼.
알라딘의 요술램프.
욘사장의 요술요강.

런던 낮술의 추억 & 먼지탱이

YONZ
DOLL

Photo
Album

#39

:-)

낄낄낄

#40

STOP!!
똥, 오줌도 못 가리면서 어딜 들어오려고!

개 똥구멍

#41

진작 나 자신을 껴안는 방법을 배워야 했다.
다른 누군가에게 의지하고 싶어 하는 약해빠진 생각을
진작 똥으로 만들어 몸 밖으로 빼내 물을 내리고
BYE BYE 해야 했다.

이렇게 날 스스로 껴안으니
마음에 평화가 천지빼까리.

LOVE & PEACE

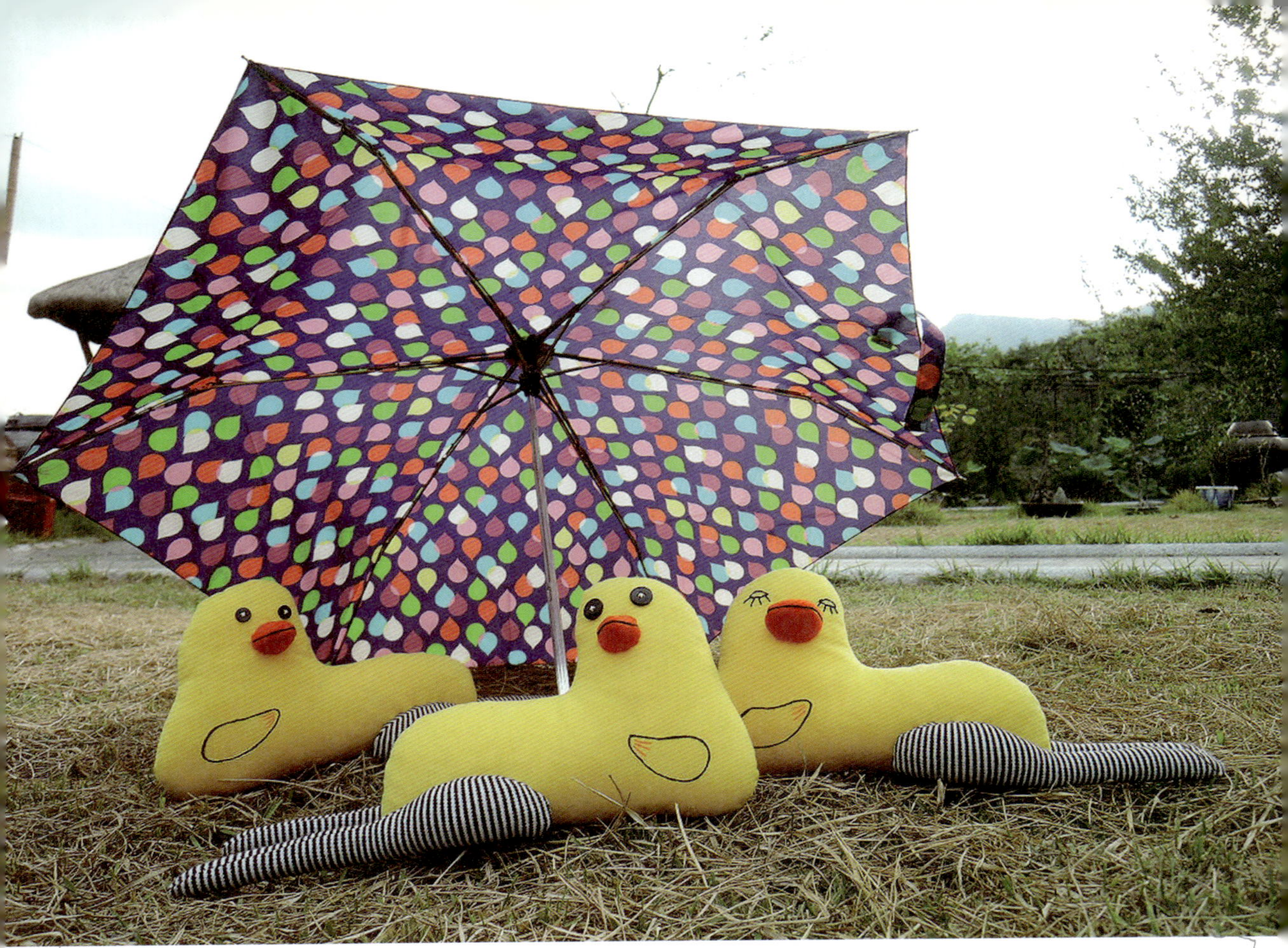

#42

天高雛肥 (천고추비)
하늘은 높고 병아리는 살찌는 계절.

고도 비만 병아리들

YONZ DOLL
Photo Album

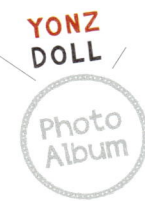

#43

당신의 그리움 애절함 초라함 괴로움 서글픔 비겁함 외로움까지도
나는 다— 보인다.
손을 뻗어 토닥여줄 수 없을 만큼 멀리 있는 당신이지만,
나는 다— 보인다.

새벽 세시 부엉이

#44

욘즈돌 천지빼까리

#45

어김없이 날은 밝아왔고,
늘 그렇듯 우리는 움직여야 하고,
월요일 아침부터 서글픔이 한가득.
그 서글픔보다 더 큰 건 배고픔.

JUST 곰

#46

내 나이 네 살.
맹장이 터져 죽을 뻔했던 그 해부터
나와 계속 함께해온, 오른쪽 배에 커다란 흉터 두 개.

멍멍이 파이터

YONZ
DOLL

Photo
Album

#47

힘들어서 못 해먹겠네, 라고 말하기엔
그만큼 힘들지 않기에.

해도 해도 안 되는 걸 어쩌겠어, 라고 말하기엔
그만큼 해보지 않았기에.

내 머리가 나쁜가 봐, 라고 말하기엔
자존심이 상하기에.

나는 오늘도 태양의 기운을 받아, 아뵤오오오오-! 파워 업!

아장아장

#48

1962년 추석 전날 태어난 내 엄마는,
1985년 설날 아침부터 약 15시간 진통을 겪고
다음날 새벽 1시 30분에 무려 4.2kg인 나를 낳아
그 산부인과에서 가장 큰 신생아 기록을 세웠단다.

우리 똥강아지

#49

미안할 짓은 아예 하질 마라.

암쏘리

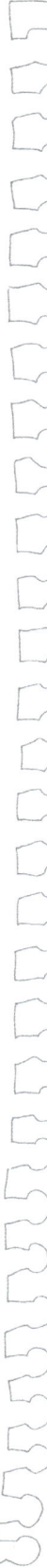

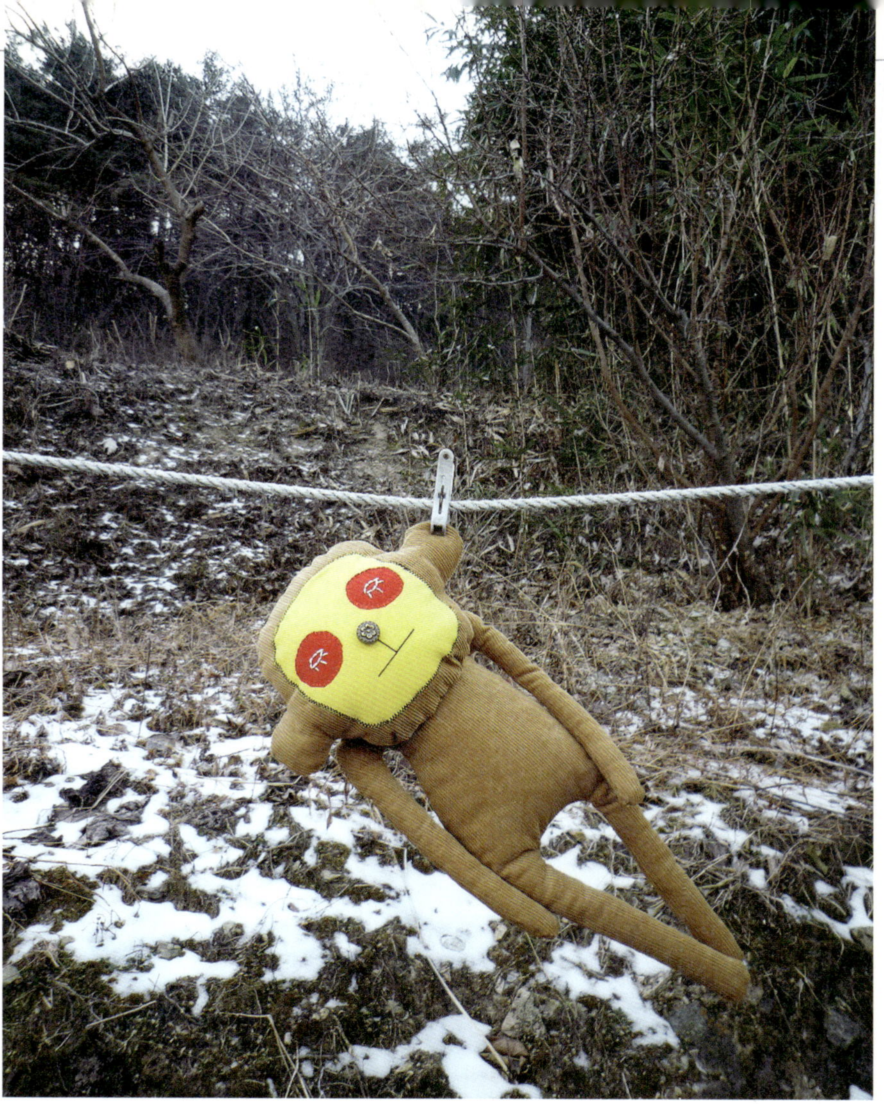

YONZ DOLL Photo Album

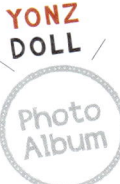

#50

또 이런다. 짠하고 휑한 마음.
또 이런다. 부질없다는 마음.
또 이런다. 누가 "땡"을 외치든 말든 몸과 마음 모두 가만히 "얼음".
새벽이 한꺼번에 여덟 개 정도 찾아온 것 같다.

게슴츠레 몽키

PART 2

핸드메이드 &
몬즈돌

블라블라, 헌 옷 이야기

저는 재봉하는 시간보다 어떤 색과 어떤 소재의 헌 옷으로 인형을 만들까 고민하는데 제일 많은 시간을 할애합니다. 이면지에 잔뜩 그려놓은 그림 중, 만들고 싶은 걸 하나 정한 뒤 모아둔 헌 옷들을 죄다 바닥에 펼쳐놓아요. 어떤 색의 어떤 소재의 헌 옷이 잘 어울릴까, 완성된 모습은 어떨까 상상하며 고르는 거죠.

인형 만들기에 제일 좋은 소재의 헌 옷은 보기만 해도 포근한 니트나 기모 소재가 딱이에요! 코듀로이나 데님처럼 뻣뻣한 소재의 헌 옷은 인형의 몸통보다는 팔이나 다리 등에 부분적으로 활용하는 게 좋고요. 인형 몸에 문신을 넣은 것처럼 옷 자체에 있는 프린트를 이용하면 좀 더 특별한 인형을 만들 수 있답니다.

반대로 인형을 만들 때 가장 꺼리는 헌 옷은 너무 얇은 소재의 옷이나 잘 늘어나는 옷이에요. 얇은 티셔츠로 인형을 만들면 전혀 맵시가 나지 않거든요. 잘 늘어나는 헌 옷은 박음질 후 솜을 넣으면 옷이 계속 늘어나 생각했던 것보다 훨씬 뚱뚱한 인형이 되어버립니다.

자, 이제 옷장을 열어 보세요!
어떤 헌 옷들이 있는지 살펴보고, 만들고 싶은 욘즈돌 한 놈을 골라잡으세요!

얇은 옷

도톰한 옷

YONZ
DOLL
Basic
02

쓱싹쓱싹, 헌 옷 재단하기

헌 옷 중에서도
너무 얇거나
잘 늘어나는 옷은
피해주세요.

가위집

시접선

완성선

만약 헌 옷의 안감을
인형의 겉면으로 쓸 경우,
시접선은 헌 옷 바깥쪽
면에 그려주세요.

시접선

헌 옷을 뒤집어 안쪽 면에 도안을 고정하고 약 1cm의 여유를 주고 시접선을 그린 뒤, 이 선에 맞춰 가위질하세요. 도안은 시접 1cm가 제외된, 완성선 기준으로 제작되었습니다.

완성선

완성선에 맞춰 바느질하세요.

가위집

바느질을 하고 창구멍으로 뒤집기 전, 곡선 부분에 가위집을 내어주면 매끄러운 극선이 표현됩니다. 완성선에서 약 2~3mm 떨어진 곳에 가위집을 내어주세요. 겨드랑이나 다리 사이에 좀 더 신경 써서 가위집을 내어주면 GOOD!

기본 도구 Basic 03

안 입거나 못입는 헌옷

커져서 혹은 작아져서, 흠이 생겨서, 유행이 지나서 안 입는 옷. 입기는 싫은데 추억이 많아 쉽게 버릴 수 없는 옷……. 옷장 안에 무심하게 내버려 둔 그런 옷들을 꺼내 보세요.

재봉실, 자수실

흰색과 검은색이 기본입니다. 자수 실이 없다면 재봉실을 여러 겹 겹쳐 써도 좋아요.

바늘

네, 뾰족한 그 바늘이요.

시침핀

천이 움직이지 않도록 고정할 때 필요해요.

헌 옷에서 떼어 낸 단추

헌 옷에서 단추를 떼어다 모아두면 유용하게 쓰여요. 셔츠 한 벌의 단추만 떼어도 엄청나요.

원단용 수성펜

물이 닿으면 지워지는 원단용 수성 펜으로 도안을 그리세요. 만약 수성 펜이 없다면 일반 펜이나 연필로 살짝 그려도 좋아요. 하지만 너무 얇거나 연한 색상의 헌 옷에는 원단용 수성 펜을 사용하는 게 좋겠죠?

솜

구름솜과 방울솜이 있는데, 세탁 후 뭉침이 적은 건 방울솜이니 참고해 구매하세요.

가위

꼭 재단 가위가 있어야 하는 건 아니에요. 잘 드는 가위 하나면 충분! 저는 주방에 있던 가위 중 하나를 가져다 굉장히 잘 쓰고 있거든요.

있으면 편한 재봉틀

재봉틀로 박음질하면 인형 만드는 속도가 엄청나죠. 하지만 없어도 괜찮아요. 한땀한땀 손바느질로 장인정신을 보여주세요.

부지런한 손

만들다 내팽개치지 마세요. 손이 조금만 부지런해지면 돼요.

깊이 묻혀있는 창의력

제일 필요함!

실려 있는 도안대로 똑같이 따라 만들기보다는, 저 깊이 묻혀있는 창의력을 끄집어내어 자신의 취향껏, 정말 세상에서 하나뿐인 헌 옷 인형 만들기를 권해드립니다!

YONZ
DOLL

Basic
04

왕 기초 바느질법

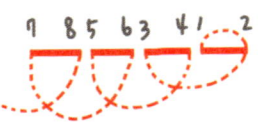

박음질

튼튼한 인형을 만들기 위해 제일 많이 써야 할 바느질법입니다. 홈질보다 튼튼해 인형을 만들 때 솜이 빠져나오지 않아요.

감침질

눈물이나 얼룩 등 인형의 몸판을 꾸며줄 때 자주 쓰는 바느질법입니다.

공그르기

창구멍을 막거나 코, 부리 등을 달아줄 때 자주 쓰는 바느질법입니다.

YONZ
DOLL

Basic
05

세탁하기

- 세탁한 헌 옷으로 인형을 만드세요.
- 완성된 인형을 세탁할 때는, 미지근한 물에 중성세제를 풀어 살살 손빨래합니다. 인형에 손상이 없을 정도로 살짝 물기를 짠 뒤(비틀지 마세요) 서늘한 곳에서 건조하세요. 물 빠짐이 있는 옷으로 만들었다면 세탁&건조 시 주의하세요.
- 햇볕 좋은 날 가끔 인형을 일광 소독해주는 것도 좋아요.

욘즈돌 만들기 전에

1

좌우대칭을 따지면서 잘 만들려고 애쓰지 말고 대충 만드세요. 욘즈돌 도안 자체도 좌우대칭이 맞지 않아요. 삐뚤빼뚤 뭔가 조금은 어설퍼 보이고 멋대로 생긴 게 바로 욘즈돌의 매력입니다.

2

정답이 없으니 실패란 없어요. 완성된 모습 자체를 예뻐해 주세요.

3

피카소도 울고 갈 창의력과 상상력을 발휘해 보세요. 뻔한 인형은 재미없잖아요?

4

자신의 감정과 이야기를 인형에 담아 보세요. 수많은 감정과 이야기들을 인형의 표정이나 몸짓 등에 자신만의 방식으로 표현해 보세요.

Hello

YONZ
DOLL

Hand
Made

수컷 복돌이

누가 봐도 수컷임을 알 수 있는 아주 늠름한 복돌이.
2012년 1월 중순에 태어난 욘사장의 반려견 복돌이.
갈수록 얼굴도 길쭉, 혓바닥도 길쭉, 귀도 길쭉.

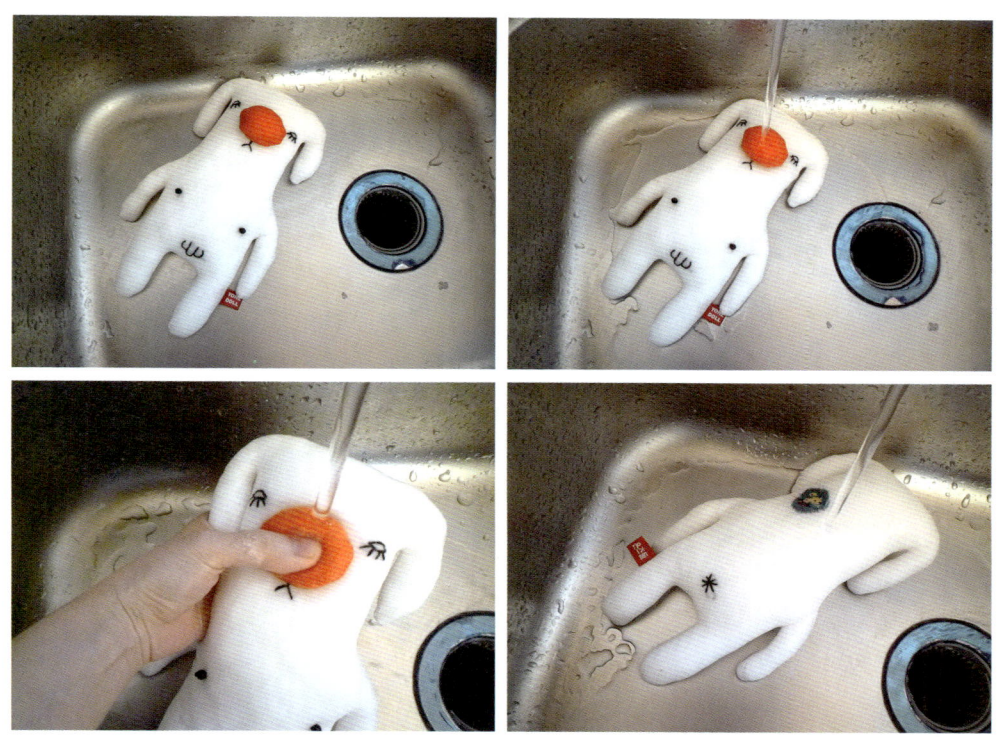

목끈

수컷 복돌이

❖ **주재료** 흰색 헌 옷 1벌
❖ **부재료** 도톰한 주황색 헌 옷 조금, 검은색 비즈 2개, 방울솜
❖ **완성 사이즈** 약 16cm x 26cm

Let's Make

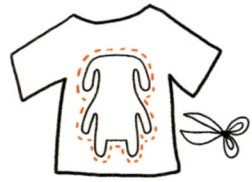

1 헌 옷을 뒤집어 안쪽 면에 도안 대로 그려준 후, 사방에 시접을 1cm씩 남기고 재단하세요. 재단 시 헌 옷의 앞뒷면을 동시에 잘라 몸 판 2장을 만들어 주세요.

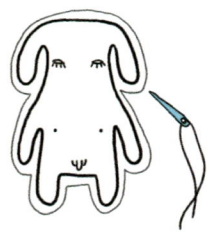

2 도안을 참고해 앞판 겉면에 눈 과 고추를 수놓고, 검은색 비즈 를 이용해 찌찌를 달아주세요.

뒤판 겉면 엉덩이 부분에 ❋모양으로 똥구멍을 수 놓으면 더 유쾌한 복돌이가 짠!

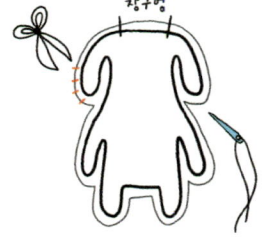

3 몸판 2장을 겉면끼리 마주대 고 창구멍을 제외한 몸판의 둘 레를 박음질하세요. 곡선 부분에는 가위집을 내고 창구멍으로 뒤집으 세요.

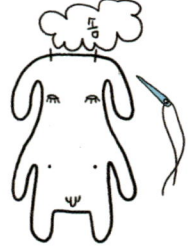

4 창구멍으로 솜을 넣고 공그르 기로 창구멍을 막으세요.

5 주황색 헌 옷을 뒤집어 겹쳐놓 고 안쪽 면에 코를 도안대로 그 려준 후 시접을 1cm씩 남기고 재단 합니다. 둘레를 박음질한 후 곡선 부분에 가위집을 내어주고, 한쪽 면의 중앙을 일자로 조금 잘라 창 구멍을 내어 뒤집으세요.

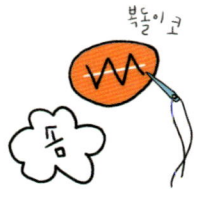

6 창구멍으로 솜을 채워 넣고, 솜 이 빠져나오지 못하도록 창구 멍을 큰 땀으로 감침질하세요.

7 몸판에 공그르기로 코를 붙이
고 입을 수놓아주면 수컷 복돌
이가 짠!

멍멍!
진짜 복돌이

새토끼

온 몸에 까만 개구리 알을 품고 있는
새 부리 + 토끼 귀 = 새토끼

새토끼

❖ **주재료** 물방울무늬 헌 옷 1벌
❖ **부재료** 도톰한 노란색 헌 옷과 주황색 헌 옷 조금씩, 방울솜
❖ **완성 사이즈** 약 19cm x 30cm

Let's Make

1 헌 옷을 뒤집어 안쪽 면에 도안 대로 그려준 후, 사방에 시접을 1cm씩 남기고 재단하세요. 재단 시 헌 옷의 앞뒷면을 동시에 잘라 몸판 2장을 만들어 주세요.

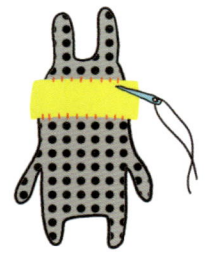

2 도안을 참고해 눈을 수놓을 노란색 헌 옷을 재단하고, 앞판 상단의 적당한 위치에 올려 감침질 하세요.

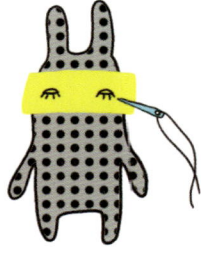

3 도안을 참고해 새토끼의 눈을 예쁘게 수놓아주세요.

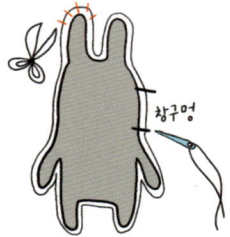

4 몸판 2장을 겉면끼리 마주대 고 창구멍을 제외한 몸판의 둘 레를 박음질하세요. 곡선 부분에는 가위집을 내고 창구멍으로 뒤집으 세요.

5 창구멍으로 솜을 넣고 공그르 기로 창구멍을 막아주세요.

6 주황색 헌 옷을 뒤집어 겹쳐놓 고 안쪽 면에 새토끼 부리를 도 안대로 그려준 후, 사방에 시접을 1cm씩 남기고 재단합니다. 하단의 창구멍을 제외한 둘레를 박음질한 후, 곡선 부분에 가위집을 내어주 세요.

tip
부리의 크기를 작게 만들면 새침해 보이는 새토 끼로 연출할 수 있어요!

새토끼 부리

솜

7 뒤집어 솜을 채워 넣고, 창구멍은 홈질하여 실을 잡아당겨 매듭지으세요.

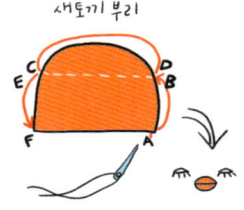

새토끼 부리

E C

D B

F A

8 앞뒤판의 경계 부분에 검은색 실을 이용해 A에서 F까지 순서대로 크게 한 땀씩 이어주세요.

9 부리를 몸판에 공그르기로 달아주면 새토끼가 짠!

큰 부리

작은 부리

빗방울 꼬리

구원의 빗방울이 떨어진다.
빗방울의 은혜를 받은 자들이여.
파릇파릇 건강할 지어다.

빗방울 꼬리

❖ **주재료** 분홍색 헌 옷 1벌
❖ **부재료** 여러 색의 얇은 헌 옷들 조금, 고리 만들 짧은 끈 약간, 단추 2개, 방울솜
❖ **완성 사이즈** 약 13cm x 19cm (꼬리길이 제외)

Let's Make

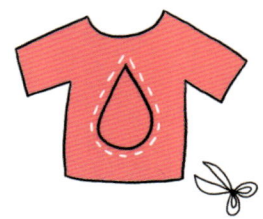

1 헌 옷을 뒤집어 안쪽 면에 도안 대로 그려준 후, 사방에 시접을 1cm씩 남기고 재단하세요. 재단 시 헌 옷의 앞뒷면을 동시에 잘라 몸판 2장을 만들어 주세요.

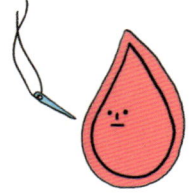

2 앞판의 겉면에 취향대로 단추 눈을 달고 코와 입을 수놓으세요.

3 얇은 원단의 헌 옷들을 약 1cm x 20cm 크기로 잘라 꼬리를 준비하세요.

tip
인형을 만들기엔 너무 얇은 셔츠나 블라우스 등의 헌 옷으로 꼬리를 만들면 좋아요!

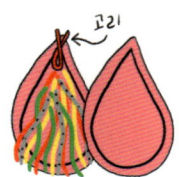

4 몸판 2장을 겉면이 맞닿게 겹쳐놓은 후, 그 사이의 적당한 위치에 짧은 끈을 반으로 접어 올려둡니다. 준비해 둔 꼬리 역시 배치해 시침핀으로 고정하세요.

tip
이때 꼬리와 고리는 몸판의 안쪽으로 향하도록 놓아둡니다.

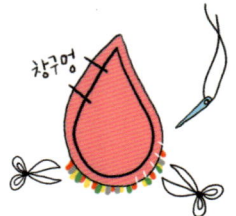

5 창구멍을 남기고 몸판의 둘레를 박음질한 뒤, 곡선 부분에 가위집을 내어주세요.

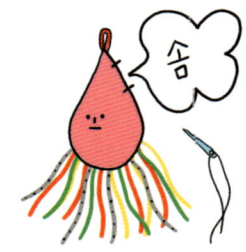

6 창구멍으로 뒤집은 후, 솜을 채워 넣고 공그르기로 창구멍을 막으세요.

7 꼬리 길이가 서로 다르게끔 잘 라주면 빗방울 꼬리가 짠!

구원의 빗방울이 떨어진다

꿈지럭

재빠르지 못한 내가 자주 듣는 말. "꿈지럭대지 마라."
나의 꿈지럭댐을 대신 해 줄 꿈지럭들.
별이 빛나는 밤에 꿈지럭. 눈이 커서 꿈지럭.
숲 속에서 꿈지럭. 멧돼지처럼 꿈지럭. 사랑 앞에서 꿈지럭.

꿈지럭

❖ **주재료** 물방울무늬 헌 옷 1벌
❖ **부재료** 도톰한 빨간색 헌 옷과 흰색 헌 옷 조금씩, 검은색 비즈 2개, 방울솜
❖ **완성 사이즈** 약 19cm x 10cm

Let's Make

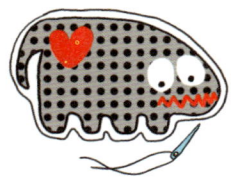

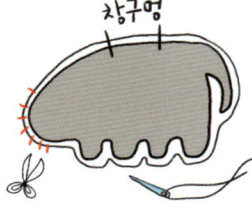

1 헌 옷을 뒤집어 안쪽 면에 도안대로 그려준 후, 사방에 시접을 1cm씩 남기고 재단하세요. 재단 시 헌 옷의 앞뒷면을 동시에 잘라 몸판 2장을 만들어 주세요.

2 흰색 헌옷을 뒤집어 안쪽 면에 눈을 도안대로 그려주고, 빨간색 헌옷의 안쪽 면에도 엉덩이의 하트를 그려 시접 없이 재단하세요. 몸판의 적당한 위치에 올려 감침질하고, 검은색 비즈로 눈동자를 달아준 후 빨간색 실로 입을 수놓으세요.

3 몸판 2장을 겉면끼리 마주대고 창구멍을 제외한 몸판의 둘레를 박음질하세요. 곡선 부분에는 가위집을 내고 창구멍으로 뒤집으세요.

Tip
다리 사이사이에 가위집을 잘 내어주세요.

4 창구멍 안에 솜을 채워 넣고 창구멍을 공그르기로 막으세요.

5 사랑 앞에서 어쩔 줄 몰라 하는 꿈지럭이 짠!

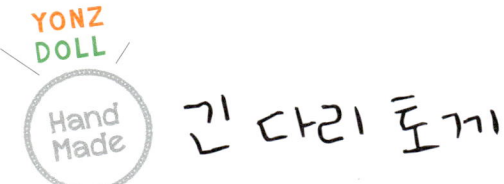

YONZ
DOLL

Hand
Made

긴 다리 토끼

폴짝폴짝 뛰지 않고,
네 개의 길고 긴 다리로 성큼성큼.
오늘은 어딜 그리 급히 가시나요. 긴 다리 토끼 씨.

긴 다리 토끼

❖ **주재료** 분홍색 헌 옷 1벌, 물방울무늬 헌 옷 1벌
❖ **부재료** 줄무늬 헌 옷 조금, 단추 3개, 고리를 만들 짧은 끈 약간, 방울솜
❖ **완성 사이즈** 약 21cm x 27cm

Let's Make

1 헌 옷을 뒤집어 안쪽 면에 머리와 몸통을 각각 도안대로 그려준 후, 사방에 시접을 1cm씩 남기고 재단하세요. 재단 시 헌 옷의 앞뒷면을 동시에 잘라 2장씩 만들어주세요.

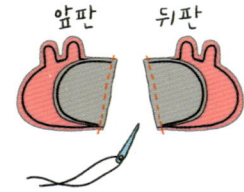

앞판 뒤판

2 머리와 몸통의 겉면끼리 마주대고 직선 부분을 박음질해 앞판과 뒤판을 만드세요.

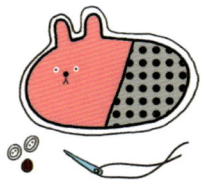

3 앞판 겉면에 단추를 이용해 눈과 코를 만들고 입을 수놓아 주세요.

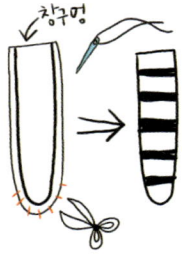

창구멍

4 줄무늬 헌 옷을 뒤집어 겹쳐놓고 안쪽 면에 다리를 도안대로 4장을 그려준 후, 사방에 시접을 1cm씩 남기고 재단하세요. 상단에 창구멍을 남기고 둘레를 박음질한 후, 곡선 부분에는 가위집을 내어주고 창구멍으로 뒤집어 줍니다.

t i p
다리 안에 솜을 약간 넣어도 좋아요.

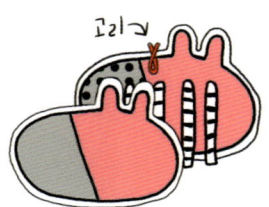

고리

5 앞판과 뒤판을 겉면이 맞닿게 겹쳐놓은 후, 그 사이의 적당한 위치에 짧은 끈을 반으로 접어 올려둡니다. 다리 4개 역시 배치해 시침핀으로 고정하세요.

t i p
이때 다리는 창구멍을 남겨놓은 부분들이 몸판의 바깥쪽으로 향하도록 놓아둡니다.

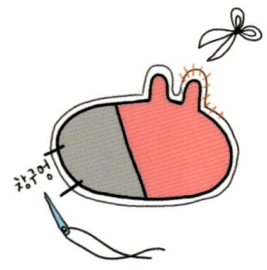

창구멍

6 창구멍을 남기고 몸판의 둘레를 박음질한 뒤, 곡선 부분에 가위집을 내어주세요.

7 창구멍으로 뒤집은 후, 솜을 채워 넣고 공그르기로 창구멍을 막으세요.

8 숲 속을 성큼성큼 걸어가는 긴 다리 토끼가 짠!

어린왕자의 양을 만나기 위해
소혹성 B-621까지
긴 다리로 성큼성큼.

YONZ
DOLL

Hand
Made

구름 꼬리

구름이 둥실 떠 있는 흐린 날.
바람까지 불어오면 정신없이 춤추는 구름 꼬리.

구름 꼬리

❖ **주재료** 폭신한 느낌의 흰색 헌 옷 1벌
❖ **부재료** 주황색 헌 옷 조금, 여러 색의 얇은 헌 옷들 조금, 고리를 만들 짧은 끈 약간, 방울솜
❖ **완성 사이즈** 약 30cm x 14cm (꼬리길이 제외)

Let's Make

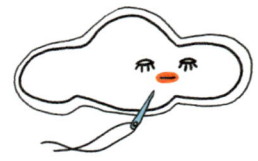

1 헌 옷을 뒤집어 안쪽 면에 도안 대로 그려준 후, 사방에 시접을 1cm씩 남기고 재단하세요. 재단 시 헌 옷의 앞뒷면을 동시에 잘라 몸판 2장을 만들어 주세요.

2 도안을 참고해 몸판의 겉면에 눈을 수놓은 후, 주황색 헌 옷 안쪽 면에 입을 시접 없이 재단해 몸판의 적당한 위치에 감침질하세요.

🌱 **TIP**
몸판 2장에 서로 다른 구름 얼굴을 만들어 보세요!

3 얇은 원단의 헌 옷들을 약 1cm x 20cm 크기로 잘라 꼬리를 준비하세요.

🌱 **TIP**
인형을 만들기엔 너무 얇은 셔츠나 블라우스 등의 헌 옷으로 꼬리를 만들면 좋아요!

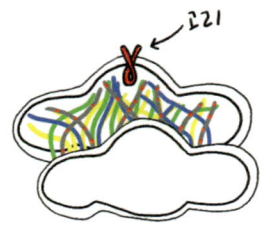

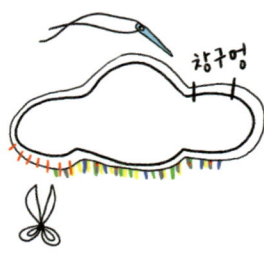

4 몸판 2장을 겉면이 맞닿게 겹쳐놓은 후, 그 사이의 적당한 위치에 짧은 끈을 반으로 접어 올려둡니다. 준비해 둔 꼬리 역시 배치해 시침핀으로 고정하세요.

🌱 **TIP**
이때 꼬리와 고리는 몸판의 안쪽으로 향하도록 놓아둡니다.

5 창구멍을 남기고 몸판의 둘레를 박음질한 뒤, 곡선 부분에 가위집을 내어주세요.

6 창구멍으로 뒤집은 후, 솜을 채워 넣고 공그르기로 창구멍을 막으세요.

7 꼬리 길이가 서로 다르게끔 잘 라주면 구름 꼬리가 짠!

자, 꼬리에 힘을 빼고, 바람을 타는거지 이렇게~

YONZ DOLL

Hand Made

젠틀 마우스

근사한 신사 콧수염에서 젠틀함이 철철 흘러넘치는 젠틀 마우스.

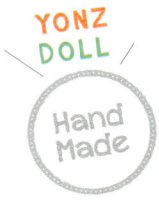

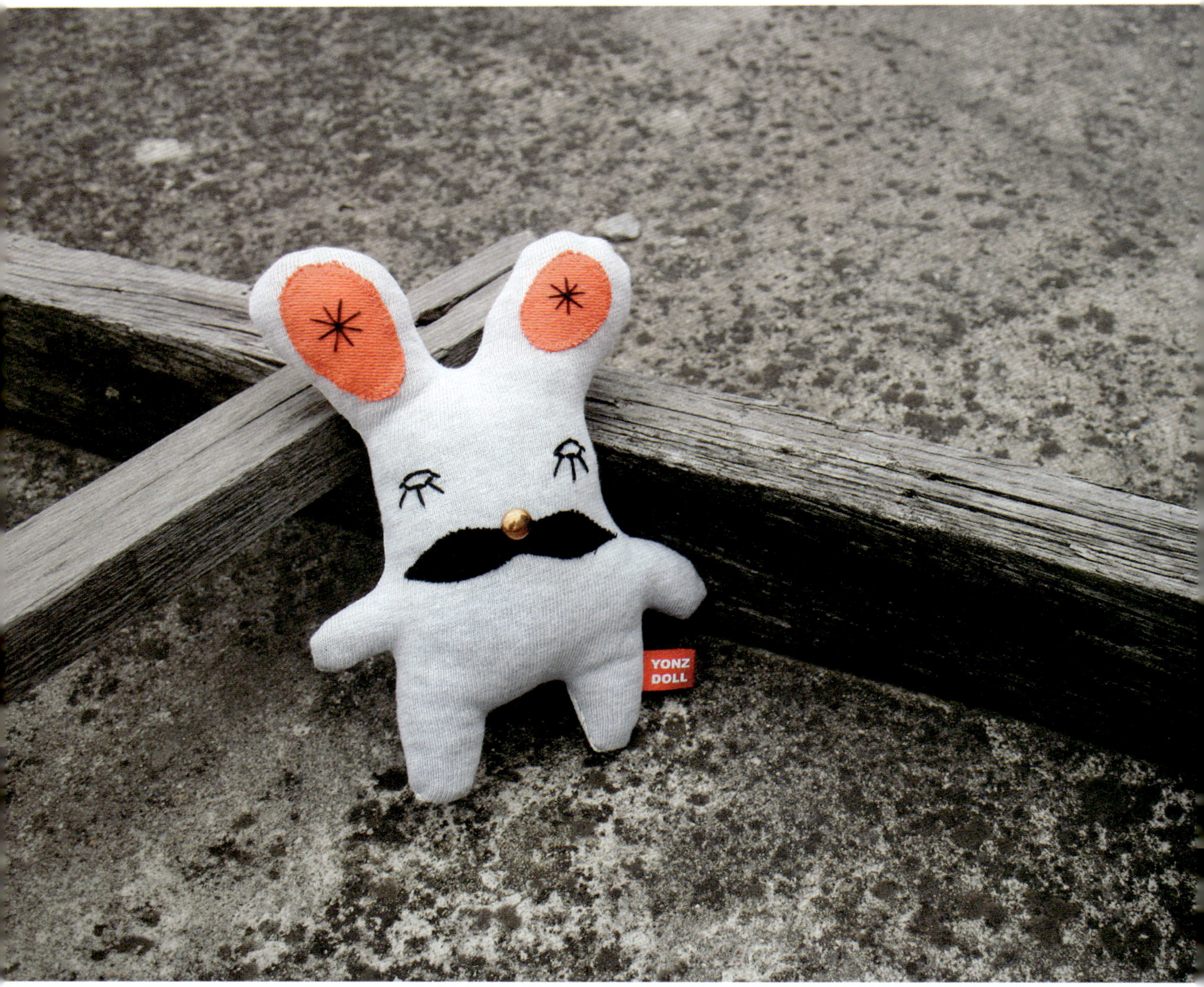

젠틀 마우스

❖ **주재료** 회색 헌 옷 1벌
❖ **부재료** 주황색 헌 옷 조금, 바지처럼 빳빳한 느낌의 검은색 헌 옷 조금, 단추 1개, 방울솜
❖ **완성 사이즈** 약 15cm x 20cm

Let's Make

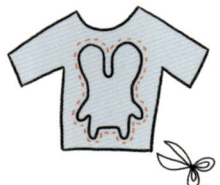

1 헌 옷을 뒤집어 안쪽 면에 도안 대로 그려준 후, 사방에 시접을 1cm씩 남기고 재단하세요. 재단 시 헌 옷의 앞뒷면을 동시에 잘라 몸 판 2장을 만들어 주세요.

2 주황색 헌 옷의 안쪽 면에 귀를 도안대로 그려주고, 검은색 헌 옷의 안쪽 면에는 콧수염을 그려 시 접 없이 재단하세요.

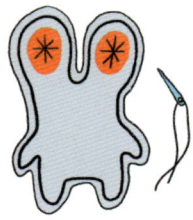

3 앞판 겉면에 재단해 놓은 주황 색 귀를 감침질하고, 검은색 실 을 이용해 * 모양으로 수놓으세요.

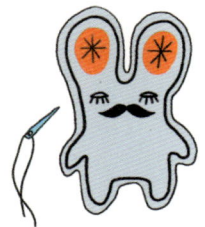

4 도안을 참고해 눈을 수놓고, 재 단해 놓은 콧수염을 적당한 위 치에 감침질하세요.

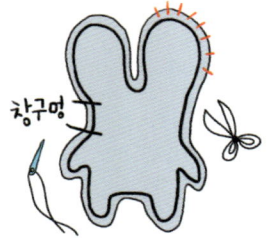

5 몸판 2장을 겉면끼리 마주대 고 창구멍을 제외한 몸판의 둘 레를 박음질하세요. 곡선 부분에는 가위집을 내고 창구멍으로 뒤집으 세요.

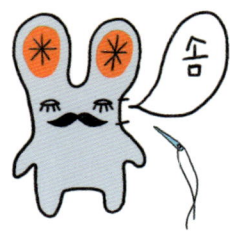

6 창구멍으로 솜을 채워 넣고 공 그르기로 창구멍을 막으세요.

7 콧수염 중앙에 반짝거리는 단
추 한개 달아주면 젠틀 마우스
가 짠!

해녀복 펭귄

몸에 착 감기는 쫀쫀한 착용감이 좋아서
항상 해녀복만 입고 있는 해녀복 펭귄.

해녀복 펭귄

❖ **주재료** 검은색 혹은 남색 헌 옷 1벌
❖ **부재료** 도톰한 흰색 헌 옷과 주황색 헌 옷 조금씩, 방울솜
❖ **완성 사이즈** 약 19cm x 26cm

Let's Make

1 헌 옷을 뒤집어 안쪽 면에 도안대로 그려준 후, 사방에 시접을 1cm씩 남기고 재단하세요. 재단 시 헌 옷의 앞뒷면을 동시에 잘라 몸판 2장을 만들어 주세요.

2 흰색 헌 옷의 안쪽 면에 눈과 가슴을 도안대로 그려 시접 없이 재단하고, 앞판 겉면의 적당한 위치에 감침질하세요.

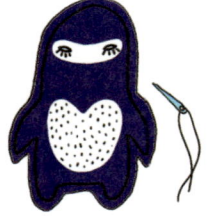

3 눈과 가슴 털을 한 올 한 올 수 놓으세요.

4 몸판 2장을 겉면끼리 마주대고 창구멍을 제외한 몸판의 둘레를 박음질하세요. 곡선 부분에는 가위집을 내고 창구멍으로 뒤집으세요.

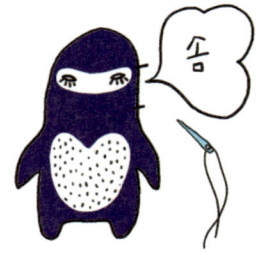

5 창구멍으로 솜을 넣고 공그르기로 창구멍을 막으세요.

6 주황색 헌 옷을 뒤집어 겹쳐놓고 안쪽 면에 펭귄 부리를 도안대로 그려준 후, 사방에 시접을 1cm씩 남기고 재단합니다. 하단의 창구멍을 제외한 둘레를 박음질한 뒤, 곡선 부분에는 가위집을 내어 주세요.

7 뒤집은 후 솜을 채워 넣고, 창 구멍은 홈질하여 실을 잡아당겨 매듭지으세요.

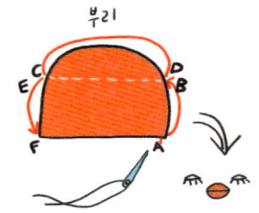

8 검은색 실을 이용해 A에서 F까지 순서대로 크게 한 땀씩 이어 주세요.

9 공그르기로 몸판에 부리를 달아주면 해녀복 펭귄이 짠!

YONZ
DOLL

번데기 주둥이

한 대 얻어맞은 것 같이
두툼하게 부은 시뻘건 주둥이가 매력적이구나.

번데기 주둥이

❖ **주재료** 갈색 헌 옷 1벌
❖ **부재료** 도톰한 빨간색 헌 옷과 흰색 헌 옷 조금, 줄무늬 티셔츠 조금, 단추 2개, 방울솜
❖ **완성 사이즈** 약 25cm x 34cm

Let's Make

1 헌 옷을 뒤집어 안쪽 면에 도안 대로 그려준 후, 사방에 시접을 1cm씩 남기고 재단하세요. 재단 시 헌 옷의 앞뒷면을 동시에 잘라 몸 판 2장을 만들어 주세요.

2 흰색 헌 옷을 뒤집어 겹쳐놓고 안쪽 면에 귀를 도안대로 2장 그려줍니다. 줄무늬 헌옷 역시 안쪽 면에 팔을 도안대로 그려 사방에 시 접을 1cm씩 남기고 재단하세요. 귀 와 팔은 각각 겉끼리 맞대어 박음질 한 후 뒤집어 준비해 두세요.

귀와 팔에 솜을 조금씩 넣어도 좋아요!

3 몸판 2장을 겉면이 맞닿게 겹 쳐놓은 후, 그 사이의 적당한 위치에 만들어 놓은 귀와 팔을 배 치해 시침핀으로 고정합니다.

이때 귀와 팔은 창구멍을 남겨놓은 부분들이 몸 판의 바깥쪽으로 향하도록 놓아줍니다.

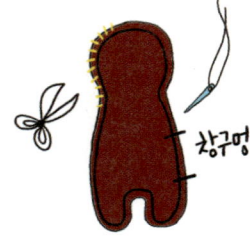

4 창구멍을 남기고 몸판의 둘레 를 박음질하세요. 곡선 부분에 는 가위집을 내어주세요.

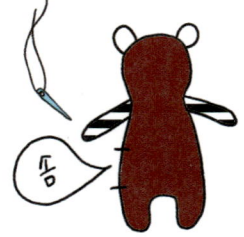

5 창구멍으로 뒤집어 솜을 채워 넣고 공그르기로 창구멍을 막 으세요.

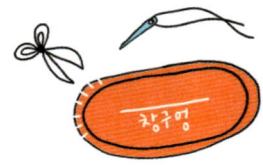

6 주황색 헌 옷을 뒤집어 겹쳐놓 고 안쪽 면에 주둥이를 도안대 로 그려준 후, 사방에 시접을 1cm 씩 남기고 재단합니다. 둘레를 박 음질한 후 곡선 부분에 가위집을 내어주고, 한쪽 면 중앙에 일자로 조금 잘라 창구멍을 내어 뒤집으세요.

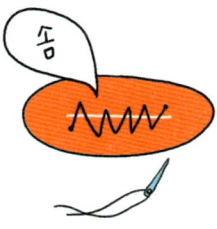

7 창구멍으로 솜을 채워 넣고, 솜이 빠져나오지 못하도록 창구멍을 큰 땀으로 감침질하세요.

8 반대쪽 면에 검은색 실로 주둥이 입술 경계선을 크게 한 땀 이어줍니다.

9 단추로 눈을 달아주고, 공그르기로 주둥이를 붙여주면 번데기 주둥이가 짠!

TIP

눈은 X모양으로 단추를 달아주세요.

YONZ
DOLL

Hand
Made

굼벵이 왕

전국에서 제일 빠른 굼벵이 왕!

굼벵이 왕

❖ **주재료** 검은색 헌 옷 1벌
❖ **부재료** 도톰한 노란색 헌 옷 조금, 단추 몇 개, 방울솜
❖ **완성 사이즈** 약 18cm x 12cm

Let's Make

1 헌 옷을 뒤집어 안쪽 면에 도안대로 그려준 후, 사방에 시접을 1cm씩 남기고 재단하세요. 재단 시 헌 옷의 앞뒷면을 동시에 잘라 몸판 2장을 만들어 주세요.

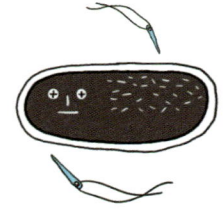

2 몸판의 겉면에 단추로 눈을 달고, 굵은 실로 코와 입, 털을 한 땀한땀 수놓으세요.

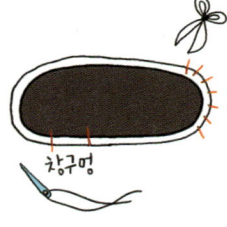

3 몸판 2장을 겉면끼리 마주대고 창구멍을 제외한 몸판의 둘레를 박음질하세요. 곡선 부분에는 가위집을 내고 창구멍으로 뒤집으세요.

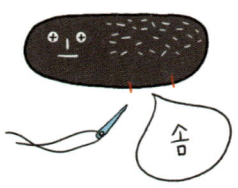

4 창구멍으로 솜을 넣고 공그르기로 창구멍을 막아주세요.

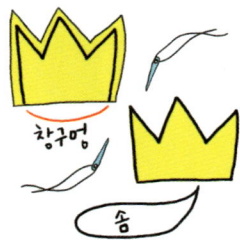

5 노란색 헌 옷을 뒤집어 겹쳐놓고 안쪽 면에 왕관을 도안대로 그려준 후, 사방에 시접을 1cm씩 남기고 재단합니다. 하단의 창구멍을 제외한 왕관 둘레를 박음질하고 창구멍으로 뒤집어 솜을 채워 넣어 주세요. 창구멍을 홈질해 실을 잡아당겨 매듭지으면 왕관 완성!

6 굼벵이 머리 위에 왕관을 공그르기로 달아주면 굼벵이 왕이 짠!

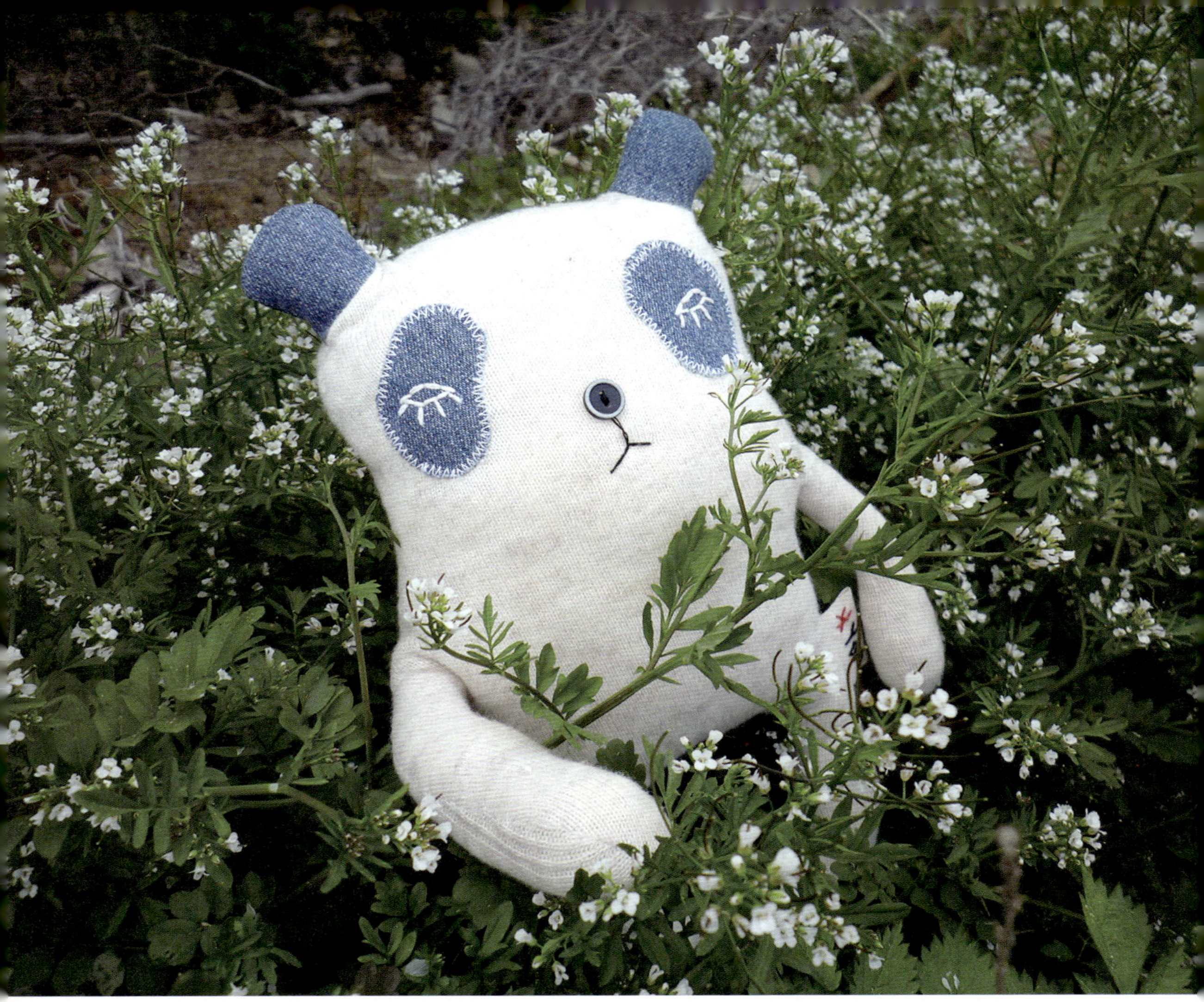

YONZ
DOLL

Hand Made

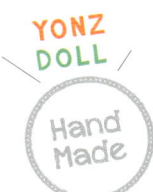

보들보들 판다

감촉 좋은 니트 카디건으로 만들어 자꾸 손이 가는 보들보들한 판다.
늘 보아오던 까만 얼룩 대신 청바지의 파란 얼룩이 또 다른 매력♡

보들보들 판다

❖ **주재료** 보들보들한 니트 소재의 헌 옷 1벌
❖ **부재료** 청바지 조금, 단추 1개, 방울솜
❖ **완성 사이즈** 약 21cm x 31cm

Let's Make

1 헌 옷을 뒤집어 안쪽 면에 도안 대로 그려준 후, 사방에 시접을 1cm씩 남기고 재단하세요. 재단 시 헌 옷의 앞뒷면을 동시에 잘라 몸판 2장을 만들어 주세요.

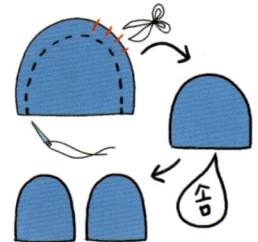

2 청바지의 안쪽 면에 귀 한 쌍의 도안을 그려 시접 1cm씩 남기고 재단한 후, 곡선 부분을 박음질하세요. 시접 부분에 가위집을 내어준 뒤 뒤집어 솜을 2/3정도 채워 넣어주세요.

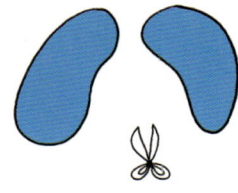

3 청바지의 안쪽 면에 판다 눈 얼룩의 도안을 그려 시접 없이 재단합니다.

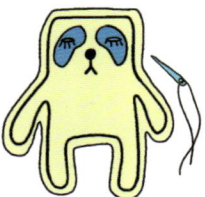

4 몸판의 겉면에 눈 얼룩을 감침 질로 달아주세요. 도안을 참고해 얼룩 위에 눈을 수놓고, 단추 코를 달고 입도 수놓아 주세요.

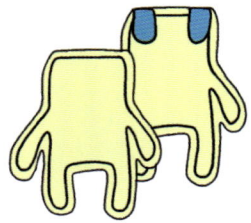

5 몸판 2장을 겉면이 맞닿게 겹쳐놓은 후, 그 사이의 적당한 위치에 귀를 시침핀으로 고정하세요.

이때 귀는 창구멍을 남겨놓은 부분들이 몸판의 바깥쪽으로 향하도록 놓아둡니다.

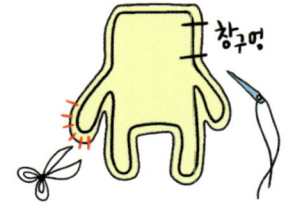

6 창구멍을 남기고 몸판의 둘레를 박음질하세요. 곡선 부분에는 가위집을 내어주세요.

창구멍

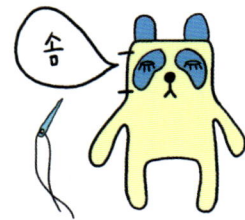

7 창구멍으로 뒤집은 후, 솜을 채워 넣고 공그르기로 창구멍을 막으세요.

8 보들보들한 판다가 짠!

SAY HELLO
TO YOUR PANDA!

눈사람 같은 솜사람

눈 같은 솜.
눈사람 같은 솜사람.

녹지 않는 솜사람과 함께
365일 메리 크리스마스!!

눈사람 같은 솜사람

❖ **주재료** 니트 혹은 기모 원단처럼 폭신한 느낌의 흰색 헌 옷, 빨간색 헌 옷 1벌씩
❖ **부재료** 주황색 헌 옷 조금, 검은색 비즈 2개, 방울솜
❖ **완성 사이즈** 약 15cm x 24cm

Let's Make

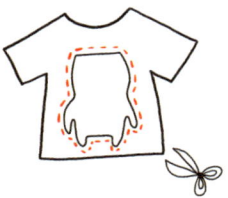

1 흰색 헌 옷을 뒤집어 안쪽 면에 도안대로 그려준 후, 사방에 시접을 1cm씩 남기고 재단하세요. 재단 시 헌 옷의 앞뒷면을 동시에 잘라 몸판 2장을 만들어 주세요.

2 빨간색 헌 옷의 안쪽 면에 1과 같은 방법으로 솜사람 모자를 재단하세요.

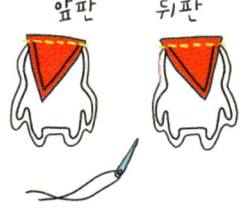

3 솜사람 몸판과 모자를 겉면끼리 마주대고 박음질해 앞판과 뒤판을 만드세요.

4 앞판 겉면에 눈과 입을 수놓고, 주황색 헌 옷에 코를 도안대로 그려 시접 없이 재단해 적당한 위치에 감침질하세요.

5 검은색 비즈를 이용해 솜사람의 찌찌를 만들고, 배꼽을 X자로 수놓으세요.

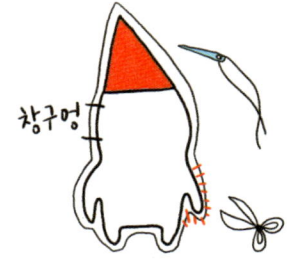

6 몸판 2장을 겉면끼리 마주대고 창구멍을 제외한 몸판의 둘레를 박음질하세요. 곡선 부분에는 가위집을 내고 창구멍으로 뒤집으세요.

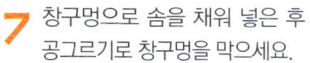

7 창구멍으로 솜을 채워 넣은 후 공그르기로 창구멍을 막으세요.

8 녹지 않는 솜사람이 짠!

365일
메리 크리스마스!

똥집이

하나보다는 올망졸망 여럿이 함께 있을 때 더 즐거운
도톰한 닭똥집 입술의 똥집이들.

똥집이

❖ **주재료** 검은색 헌 옷 1벌, 체크무늬 헌 옷 1벌
❖ **부재료** 도톰한 노란색 헌 옷과 주황색 헌 옷 조금씩, 단추 몇 개, 방울솜
❖ **완성 사이즈** 약 22cm x 24.5cm

Let's Make

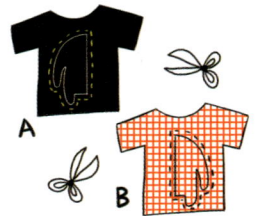

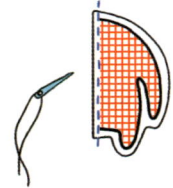

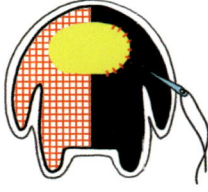

1 헌 옷을 뒤집어 안쪽 면에 A와 B를 각각 도안대로 그려준 후, 사방에 시접을 1cm씩 남기고 재단하세요. 재단 시 헌 옷의 앞뒷면을 동시에 잘라 몸판 2장을 만들어 주세요.

2 A와 B를 겉끼리 맞대어 직선 부분을 박음질해 앞판을 완성합니다. 뒤판 역시 같은 방법으로 만들어 주세요.

3 노란색 헌 옷의 안쪽 면에 똥집이 얼굴의 도안을 그려 시접 없이 재단한 후, 몸판 앞단의 겉면에 감침질로 달아주세요.

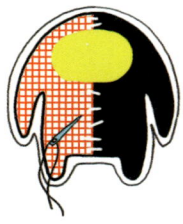

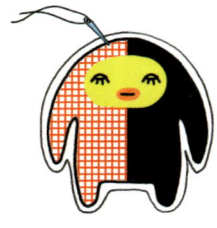

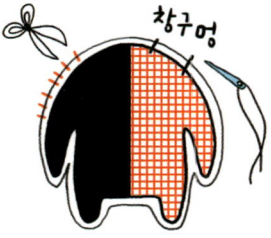

4 두꺼운 실로 몸판 앞판의 A와 B의 경계면을 이어준다는 느낌으로 거칠게 한땀한땀 바느질하세요.

5 도안을 참고해 얼굴 위에 눈을 수놓고, 주황색 헌 옷에 입술을 도안대로 그려 시접 없이 재단한 후 얼굴에 감침질하면 똥집이 얼굴 완성!

6 몸판 2장을 겉면끼리 마주대고 창구멍을 제외한 몸판의 둘레를 박음질하세요. 곡선 부분에는 가위집을 내어주세요.

7 창구멍으로 뒤집은 후, 솜을 채
워 넣고 공그르기로 창구멍을
막으세요.

8 허전해 보이는 똥집이 가슴에
단추를 몇 개 달아주면 통통한
똥집이가 짠!

마이 아파

여기저기 상처 주는 사람들은 참 많은데
그곳에 새 살 연고를 발라주는 사람은 하나도 없단 말이지.
그래서 나는. 마이 아파.

마이 아파

- ❖ **주재료** 검은색 헌 옷 1벌, 민트색 헌 옷 1벌
- ❖ **부재료** 청바지 조금, 방울솜
- ❖ **완성 사이즈** 약 21cm x 27cm

Let's Make

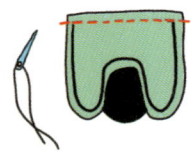

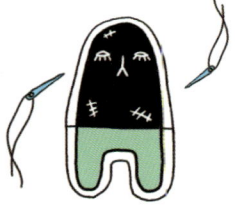

1 헌 옷을 뒤집어 안쪽 면에 도안 대로 그려준 후, 사방에 시접을 1cm씩 남기고 재단하세요. 재단 시 헌 옷의 앞뒷면을 동시에 잘라 몸 판을 2장씩 만들어 주세요.

2 상체와 하체를 겉면끼리 마주 대고 박음질합니다. 2장 모두 박음질해 앞판과 뒤판을 만드세요.

3 앞판에 눈, 코, 입과 상처 모양 을 수놓으세요.

4 청바지를 눈물 모양으로 잘라, 눈 밑 적당한 위치에 감침질하 세요.

5 재단해 둔 팔을 직선 부분의 창 구멍을 남기고 박음질하세요. 곡선 부분에는 가위집을 내어주고, 창구멍으로 뒤집어 솜을 채워넣으 세요.

tip

박음질하기 전에 팔 한쪽에 상처 모양을 수놓아 주면 더 많이 아파보이는 마이 아파.

6 앞판과 뒤판을 겉면이 맞닿게 겹쳐놓은 후, 그 사이의 적당한 위치에 팔을 배치해 시침핀으로 고 정하세요.

tip

이때 팔은 창구멍을 남겨놓은 부분들이 몸판의 바깥쪽으로 향하도록 놓아둡니다.

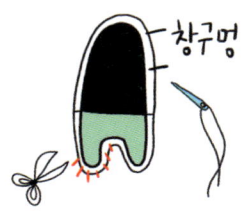

7 창구멍을 남기고 박음질한 뒤, 곡선 부분에 가위집을 내세요.

8 창구멍으로 뒤집은 후, 솜을 채워 넣고 공그르기로 창구멍을 막으세요.

9 상처투성이로 눈물 흘리는 마이 아파가 짠!

자기 취향대로 꾸며주기 나름!
같은 도안으로 다양한 느낌의 인형을 만들 수 있어요!

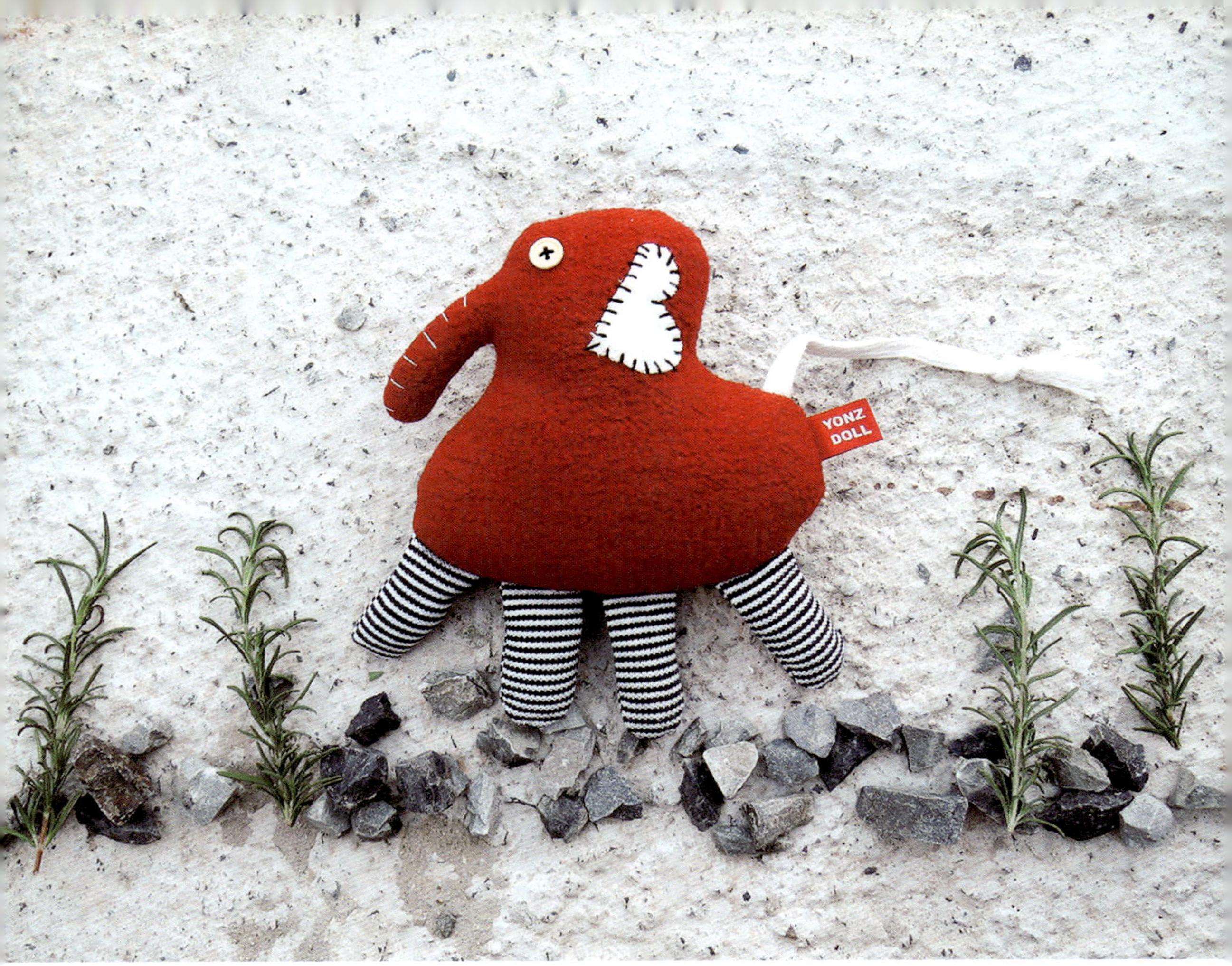

YONZ
DOLL

Hand Made

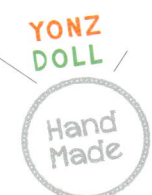

문어 코끼리

바닷속 뿐 아니라 육지에서도 잘 적응하며 살아가는 문어 코끼리.
적이 나타나면 코에서 까만 먹물을 쫙~ !

문어 코끼리

❖ **주재료** 빨간색 헌 옷 1벌, 줄무늬 헌 옷 1벌
❖ **부재료** 도톰한 노란색 헌 옷과 흰색 헌 옷 조금씩, 단추 2개, 끈 1개, 방울솜
❖ **완성 사이즈** 약 17cm x 19cm (꼬리길이 제외)

Let's Make

1 헌 옷을 뒤집어 안쪽 면에 도안
대로 그려준 후, 사방에 시접을
1cm씩 남기고 재단하세요. 재단 시
헌 옷의 앞뒷면을 동시에 잘라 몸
판 2장을 만들어 주세요.

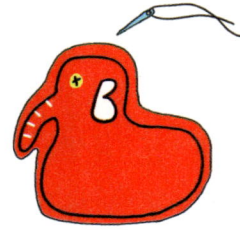

2 노란색과 흰색 헌 옷의 안쪽 면
에 코끼리 귀 한 쌍을 도안대로
그려 재단한 후, 몸판에 감침질로 달
아주세요. 단추로 눈을 달아주고, 코
에는 주름을 수놓아 주세요. 뒤판의
겉면에도 얼굴을 만들어 주면 양면
코끼리가 짠!

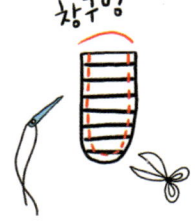

3 줄무늬 헌 옷을 뒤집어 겹쳐놓
고 안쪽 면에 다리를 도안대로
그려준 후, 사방에 시접을 1cm씩
남기고 재단하세요. 창구멍을 남기
고 둘레를 박음질한 후, 곡선 부분
에는 가위집을 내어주세요.

4 창구멍으로 뒤집어 솜을 2/3정
도 채워 넣으면 다리 4개가 짠!

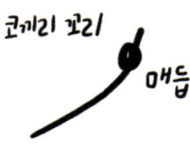

5 끈을 약 15cm 정도로 잘라 한
쪽 끝 부분을 묶어 매듭지어주
세요.

tip
후드 티에 달린 끈을 이용하면 좋아요!

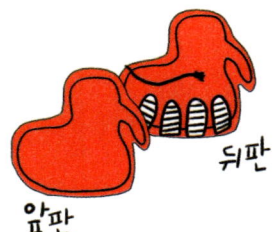

6 몸판 2장을 겉면이 맞닿게 겹
쳐놓은 후, 그 사이의 적당한
위치에 만들어 놓은 꼬리와 다리를
배치해 시침핀으로 고정합니다.

tip
이때 다리는 창구멍을 남겨놓은 부분들이 몸판의
바깥쪽으로 향하도록 놓아두고, 꼬리는 매듭지어
둔 쪽이 몸판의 안쪽으로 향하도록 놓아둡니다.

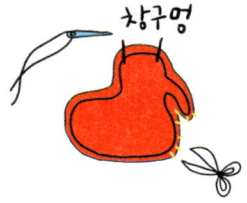

7 창구멍을 남기고 몸판의 둘레를 박음질하세요. 곡선 부분에는 가위집을 내어주세요.

8 창구멍으로 뒤집은 후, 솜을 채워 넣고 공그르기로 창구멍을 막으세요.

9 네발 달린 문어 코끼리가 짠!

해골 좀비

오른쪽 엄지발가락 뜯어 먹는 걸
제일 좋아하는 해골 좀비.
당신의 오른쪽 엄지발가락이 무사하길!

해골 좀비

❖ **주재료** 검은색 혹은 짙은 회색 헌 옷 1벌
❖ **부재료** 도톰한 흰색 헌 옷과 빨간색 헌 옷 조금씩, 방울솜
❖ **완성 사이즈** 약 22cm x 28cm

Let's Make

1 헌 옷을 뒤집어 안쪽 면에 도안
대로 그려준 후, 사방에 시접을
1cm씩 남기고 재단하세요. 재단 시
헌 옷의 앞뒷면을 동시에 잘라 몸
판 2장을 만들어 주세요.

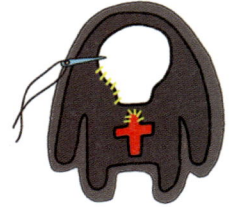

2 흰색 헌 옷의 안쪽 면에 얼굴을
도안대로 그려주고, 빨간색 헌
옷의 안쪽 면에는 십자가를 그려 시
접 없이 재단하세요. 그리고 앞판 겉
면에 얼굴과 십자가를 감침질하세요.

3 도안을 참고해 얼굴 위에 눈,
코, 입을 수놓고, 몸통 위에 상
처 모양을 수놓으세요.

4 몸판 2장을 겉면끼리 마주대
고 창구멍을 제외한 몸판의 둘
레를 박음질하세요. 곡선 부분에는
가위집을 내어주세요.

5 창구멍으로 뒤집은 후, 솜을 채
워 넣고 공그르기로 창구멍을
막으세요.

6 죽지 않는 해골 좀비가 짠!

밋밋할 수 있는 인형의 등에 헌 옷의 지퍼달린 주
머니 부분을 그대로 이용해봤어요. 셔츠로 만들
때에는 단추를 채우고, 틈 사이로 솜이 나오지 않
도록 바느질로 튼튼히 막은 뒤에 만드세요.

오른쪽을 얹어줄까?
왼쪽을 얹어줄까?

새벽 세시 부엉이

모두가 잠든 새벽.
오늘도 충실하게 당신을 지켜주는 새벽 세시 부엉이.

새벽 세시 부엉이

❖ **주재료** 갈색 헌 옷 1벌
❖ **부재료** 도톰한 흰색 헌 옷과 노란색 헌 옷 조금씩, 방울솜
❖ **완성 사이즈** 약 20cm x 20cm

Let's Make

1 헌 옷을 뒤집어 안쪽 면에 도안 대로 그려준 후, 사방에 시접을 1cm씩 남기고 재단하세요. 재단 시 헌 옷의 앞뒷면을 동시에 잘라 몸판 2장을 만들어 주세요.

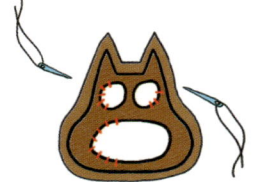

2 흰색 헌 옷의 안쪽 면에 눈과 배 도안을 그려 시접 없이 재단하고, 몸판 겉면의 적당한 위치에 감침 질하세요.

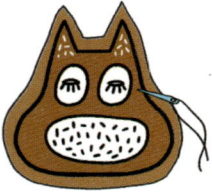

3 눈을 수놓고, 귀와 배에 털을 한 가닥 한 가닥 난잡하게 수놓으세요.

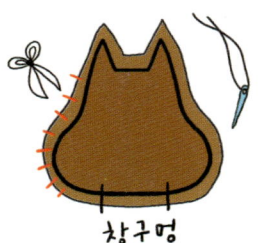

창구멍

4 몸판 2장을 겉면끼리 마주대 고 창구멍을 제외한 몸판의 둘 레를 박음질하세요. 곡선 부분에는 가위집을 내고 창구멍으로 뒤집으세요.

솜 솜

5 창구멍으로 솜을 가득 채워 넣 고 공그르기로 창구멍을 막은 후, '새토끼' 부리 만드는 방법을 참고해 노란색 헌 옷으로 부엉이 부리를 만들어 공그르기로 붙이세요. (82p 참조)

6 당신의 새벽을 지켜주는 부엉이가 짠!

AM 03:00 부엌

꽃이 고추

아담은 무화과 나뭇잎으로 자신의 수치를 가렸다지만
너는 꽃 그 자체이다.
그러니 수치스러워 말아라, 꽃이 고추.

꽃이 고추

❖ **주재료** 아이보리색 헌 옷 1벌
❖ **부재료** 갈색 헌 옷 조금, 꽃무늬 헌 옷 조금, 단추 1개, 검은색 비즈 2개, 방울솜
❖ **완성 사이즈** 약 20.5cm x 32.5cm

Let's Make

1 헌 옷을 뒤집어 안쪽 면에 도 안대로 그려준 후, 사방에 시접 을 1cm씩 남기고 재단하세요. 재단 시 헌 옷의 앞뒷면을 동시에 잘라 몸판 2장을 만들어 주세요.

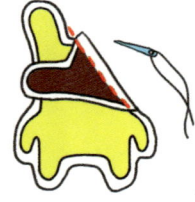

2 몸통과 얼룩 부분을 겉면끼리 마주대고 박음질해 몸통의 앞 판 뒤판을 만드세요.

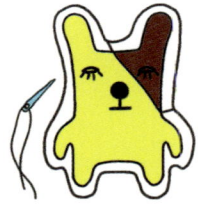

3 앞판 겉면에 코 단추를 달고 눈 과 입을 수놓으세요.

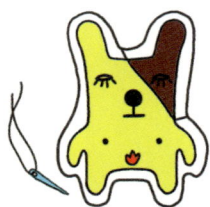

4 헌 옷의 꽃무늬를 잘라 고추 부 분에 감침질하고, 검은색 비즈 2개를 달아 찌찌를 만드세요.

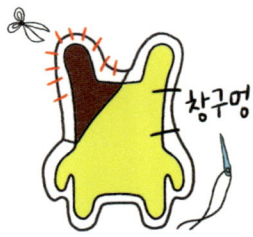

5 몸판 2장을 겉면끼리 마주대 고 창구멍을 제외한 몸판의 둘 레를 박음질하세요. 곡선 부분에는 가위집을 내고 창구멍으로 뒤집으 세요.

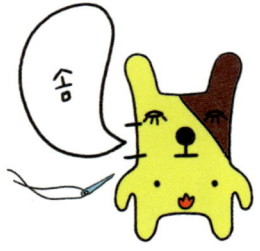

6 창구멍으로 솜을 넣고 공그르 기로 창구멍을 막아주세요.

7 위풍당당 꽃이 고추가 짠!

까칠

맑으면 맑아서 까칠.
흐리면 흐려서 까칠.
비가 오면 비가 와서 까칠.
더우면 더워서 까칠.
추우면 추워서 까칠.

그러니까 매일 까칠하다는 말.

까칠

- ❖ **주재료** 검은색 혹은 남색 헌 옷 1벌
- ❖ **부재료** 도톰한 노란색 헌 옷과 주황색 헌 옷, 흰색 헌 옷 조금씩, 방울솜
- ❖ **완성 사이즈** 약 21cm x 40cm

Let's Make

1 헌 옷을 뒤집어 안쪽 면에 도안대로 그려준 후, 사방에 시접을 1cm씩 남기고 재단하세요. 재단 시 헌 옷의 앞뒷면을 동시에 잘라 몸판 2장을 만들어 주세요.

2 노란색 헌 옷을 다이아몬드 모양으로 2장을 잘라 앞판 겉면의 눈 위치에 감침질하고, 귀에는 X모양으로 수놓으세요.

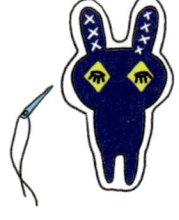

3 도안을 참고해 눈을 수놓으세요.

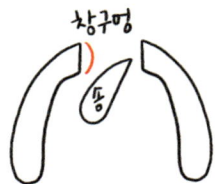

4 흰색 헌 옷을 뒤집어 겹쳐놓고 안쪽 면에 팔을 도안대로 그려준 후, 사방에 시접을 1cm씩 남기고 재단하세요. 창구멍을 남기고 박음질한 뒤 곡선 부분에는 가위집을 내어주고 뒤집으세요. 창구멍으로 적당량의 솜을 넣으면 팔 두 개가 짠!

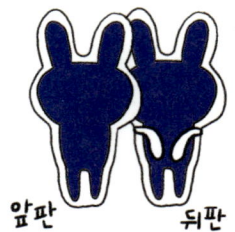

5 앞판과 뒤판 겉면 사이에 팔을 배치해 시침핀으로 고정하세요.

🌱 **t i p**
이때 팔은 창구멍을 남겨놓은 부분들이 몸판의 바깥쪽으로 향하도록 놓아둡니다.

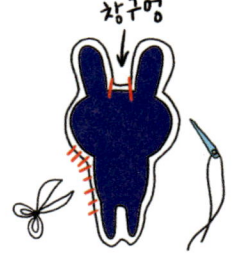

6 창구멍을 남기고 박음질한 뒤, 곡선 부분에 가위집을 내세요.

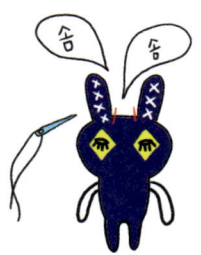

입 만들기

7 창구멍으로 뒤집고 솜을 채워 넣은 후, 공그르기로 창구멍을 막으세요.

8 주황색 헌 옷을 뒤집어 겹쳐놓고 안쪽 면에 입을 도안대로 그려준 후 사방에 시접을 0.5cm씩 두고 재단하세요.

9 입의 둘레를 박음질을 하고 곡선 부분에 가위집을 낸 뒤, 한쪽 면 중앙을 가위로 잘라 창구멍을 만들어 뒤집으세요.

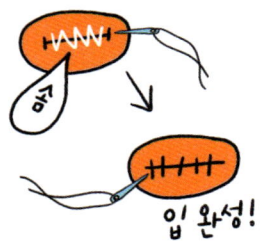

입 완성!

10 창구멍으로 솜을 채워 넣고, 솜이 빠져나오지 못하게 창구멍을 큰 땀으로 감침질하세요. 반대쪽 면에 검은색 실로 그림처럼 입 모양을 수놓으세요.

11 입을 몸판에 공그르기로 달아주면 언제나 까칠하고 예민한 까칠이가 짠!

겨털 외눈

한여름에도 당당하게 두 팔을 치켜드는 겨털 외눈.
언제나 뽀송뽀송한 너의 겨드랑이가 부럽다.

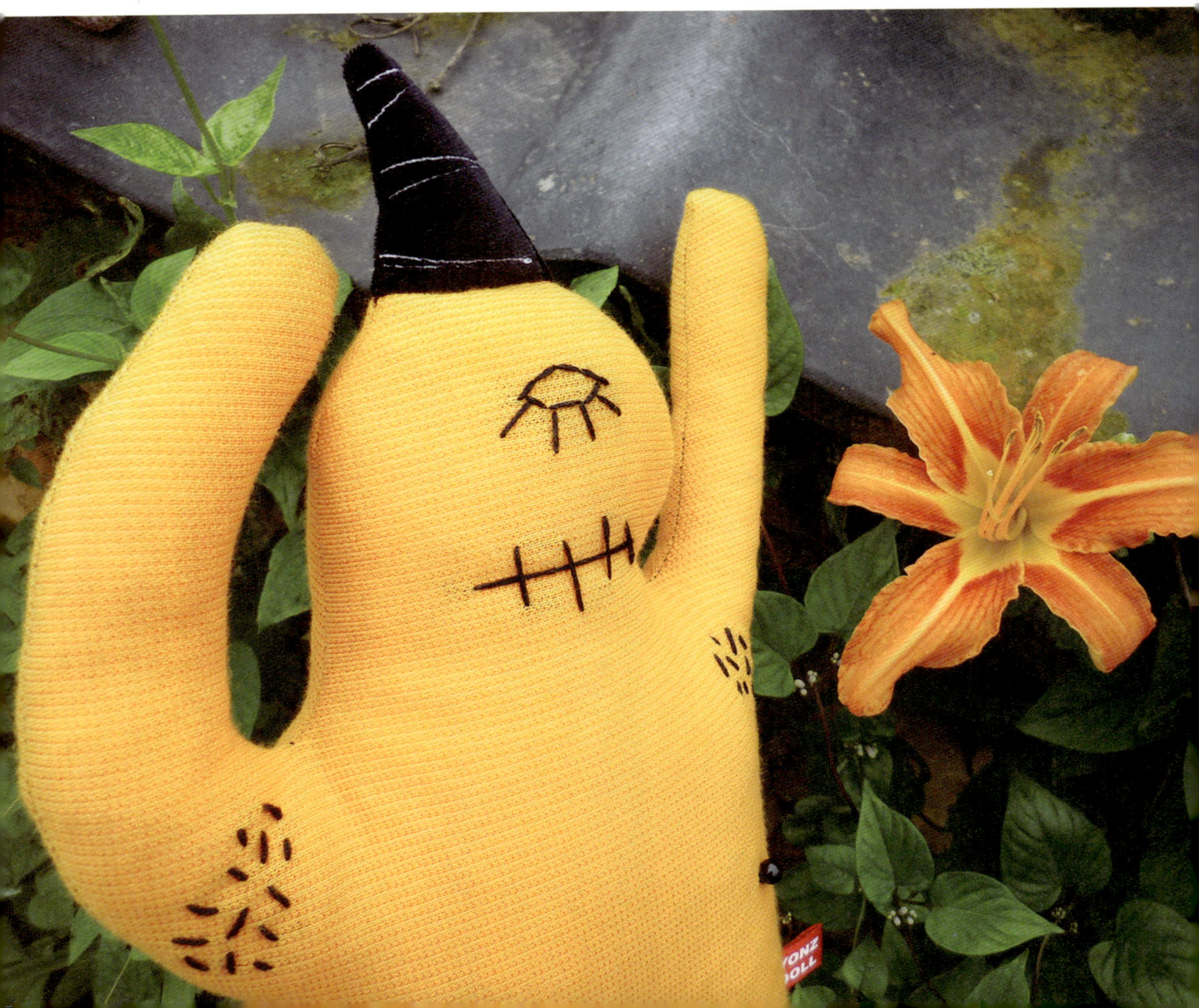

겨털 외눈

❖ **주재료** 주황색 헌 옷 1벌
❖ **부재료** 바지처럼 빳빳한 느낌의 검은색 헌 옷 조금, 콩 단추 2개, 방울솜
❖ **완성 사이즈** 약 22cm x 32cm

Let's Make

1 헌 옷을 뒤집어 안쪽 면에 도안
대로 그려준 후, 사방에 시접을
1cm씩 남기고 재단하세요. 재단 시
헌 옷의 앞뒷면을 동시에 잘라 몸
판 2장을 만들어 주세요.

2 검은색 헌 옷의 안쪽 면에 1과
같은 방법으로 뿔을 재단하세요.

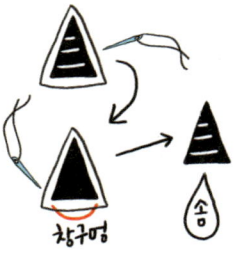

3 뿔은 하단의 창구멍을 제외한
둘레를 박음질하고, 뒤집은 후
솜을 채워 넣으세요.

t i p
뿔은 조금 빳빳한 바지 같은 원단으로 만들면 좋
아요!

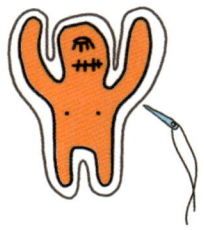

4 앞판 겉면에 외눈과 입을 수놓
고, 단추로 찌찌를 달아주세요.

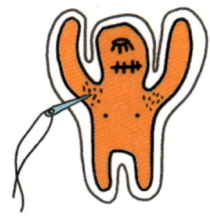

5 앞판 겨드랑이 부분에 털을 한
가닥 한 가닥 난잡하게 수놓아
주세요.

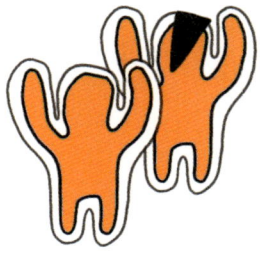

6 앞판과 뒤판 겉면 사이에 까만
뿔을 배치해 시침핀으로 고정
하세요.

t i p
이때 뿔은 창구멍을 남겨놓은 부분이 몸판의 바
깥쪽으로 향하도록 놓아둡니다.

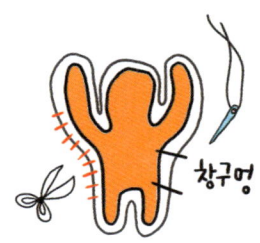

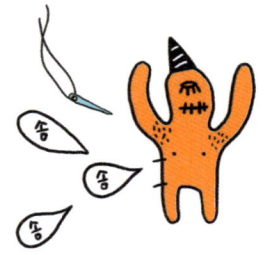

창구멍

7 창구멍을 제외한 몸판의 둘레를 박음질합니다. 곡선 부분에는 가위집을 내세요.

8 창구멍으로 뒤집어 솜을 채워 넣은 후 공그르기로 창구멍을 막으세요.

9 언제나 뽀송뽀송한 겨드랑이 소유자, 겨털 외눈이 짠!

까꿍!